什么是VR

邵鹏坤 译

中国大百科全书出版社

Original Title: All About Virtual Reality
Copyright © 2017 Dorling Kindersley Limited
A Penguin Random House Company

北京市版权登记号：图字 01-2018-4970

图书在版编目（CIP）数据

DK什么是VR／英国DK公司编；邵鹏坤
译.—北京：中国大百科全书出版社，2020.5
书名原文：All About Virtual Reality
ISBN 978-7-5202-0713-3

Ⅰ.①D… Ⅱ.①英… ②邵… Ⅲ.①虚拟
现实—儿童读物 Ⅳ.①TP391.98-49

中国版本图书馆CIP数据核字（2020）
第044662号

译　　者：邵鹏坤

策 划 人：武　丹
责任编辑：王　杨
封面设计：邹流昊

DK什么是VR
中国大百科全书出版社出版发行
（北京阜成门北大街17号　邮编：100037）
http://www.ecph.com.cn
新华书店经销
鹤山雅图仕印刷有限公司印制
开本：889毫米×1194毫米　1/16　印张：2
2020年5月第1版　2020年5月第2次印刷
ISBN 978-7-5202-0713-3
定价：158.00元

A WORLD OF IDEAS:
SEE ALL THERE IS TO KNOW
www.dk.com

目录

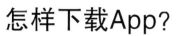

怎样下载App?

为了体验本书中的虚拟现实场景，你需要让父母或监护人下载安装免费App，方法请见封底。

最低操作系统版本：
iOS 10.0 和 Android 7.0

此App要求手机必须有后置摄像头并支持OpenGL ES 2.0。具体信息请咨询手机制造商。

安全提示

使用VR眼镜时要小心。在使用VR眼镜之前，请阅读这里的安全提示。

● 孩子在使用VR眼镜时需有成人在身边陪伴。

● 每次使用VR眼镜的时间不要超过15分钟。

● 如果有恶心、眼疲劳或头晕等不良反应，请立即停止使用。

● 使用VR眼镜时要经常停下来休息一会儿。

● 不要在室外使用VR眼镜，也不要在日常活动中使用，比如上下楼梯时。使用眼镜时最好坐下来。如果你想站起来，确保你身边一直有成人陪伴。

● 如果你患有癫痫，请在使用VR眼镜前咨询医生。

● 不要把VR眼镜正对着太阳，或把眼镜暴露在阳光的直射下。

虚拟现实
能将你带到那些
原本无法到达
的地方！

透过VR眼镜，你
可以看见一个不
同的世界。

什么是
虚拟现实？

大脑通过眼睛和耳朵接收到的信息来感知你周围的现实世界。虚拟现实（virtual reality，简称VR），就是利用计算机创建一个虚拟世界，通过VR头盔或VR眼镜呈现虚拟世界中的景象，让你误以为自己在别的地方。

转动脑袋，你可以看到周围的虚拟世界。

在VR世界中看到的事物是如此真实，以至于你会觉得它们触手可及。

在VR世界中，你看到的事物并不是真实存在于那里的！

VR发展历程

直到21世纪10年代，VR技术才得到广泛应用，但它的历史可以追溯到更久以前。

1957年
Sensorama仿真器是早期的VR设备，可以显示图像，播放声音。

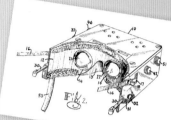

1980年 在飞行员的训练中，美国空军使用了一种叫作"超级驾驶舱"的VR设备。

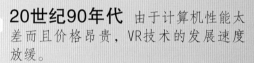

20世纪90年代 由于计算机性能太差而且价格昂贵，VR技术的发展速度放缓。

2012年 Oculus VR公司成立。Oculus Rift头盔开启VR革命。

2014年 谷歌发明了一款价格实惠的VR设备，名为"Google Cardboard"。

2015年 对VR产业来说，这是重要的一年，因为涌现了许多新型VR设备。

怎样组装你的VR眼镜?

在开始组装VR眼镜前，先要找出如下所示的所有零件。最好把它们放在桌子等较硬的平面上。

零件

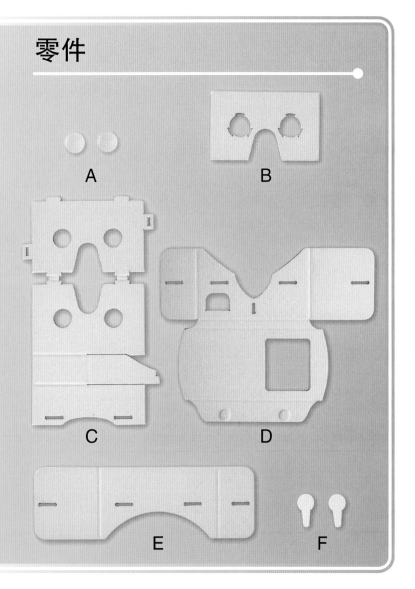

A B C D E F

1

将镜片（A）放入B的孔眼内。镜片有一个平面和一个曲面，确保两个镜片的曲面都朝同一方向。

3

将装有镜片的B放在C上，让两个零件的孔眼对齐。把C上有孔眼的两面对折，这样C就能刚好卡住B。

镜片的曲面应该在这边。

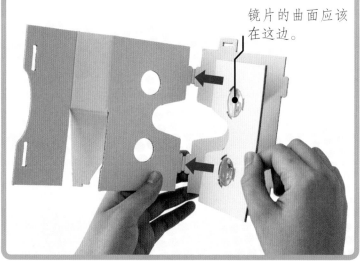

2

用尺子小心地沿着折线将C折起来，如图所示。有两个地方你必须往与其他折线相反的方向折，这两个地方在图上用红色虚线标出。

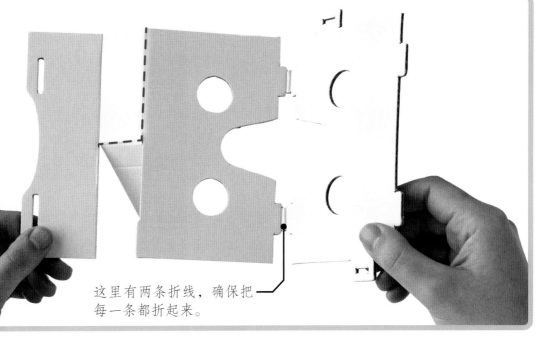

这里有两条折线，确保把每一条都折起来。

4

将D沿着折线折起来，将C孔眼下的凸起插进D底部的小孔里。一定要固定紧了，这样才可以确保所有零件都组装正确。

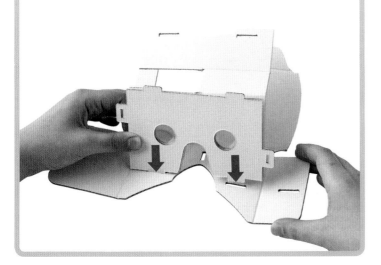

5

把C放在适当的位置，将C中间折向下的部分插入D的小孔中。

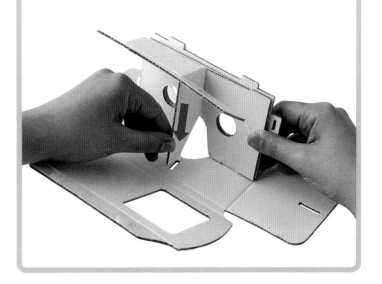

下页继续

6

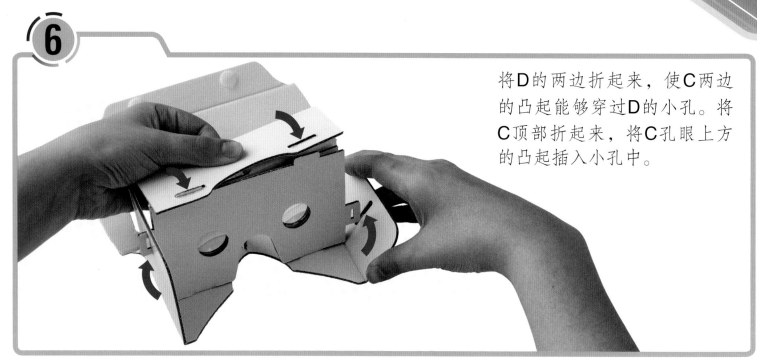

将D的两边折起来，使C两边的凸起能够穿过D的小孔。将C顶部折起来，将C孔眼上方的凸起插入小孔中。

7

将E沿折线折起来。把E放在最上边，这样C的凸起就能插入E的小孔中。

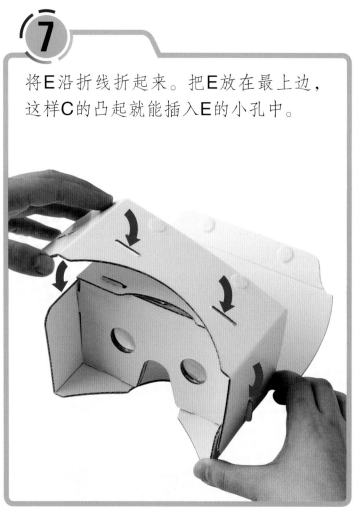

8

把棒棒糖形的F插进眼镜侧边的凸起里，这样就能把E固定住。然后折起D的前部，用魔术贴把它和E粘在一起。现在，你的VR眼镜就完成了！

F插在这里。

怎么使用VR眼镜？

⚠ 使用VR眼镜之前，请阅读第3页的安全提示。

① 把智能手机放进VR眼镜

把智能手机放进VR眼镜之前请打开App（详见第3页的下载说明）。手机有后置摄像头的那一面朝外。手机的中心和VR眼镜中心的纸板对齐。

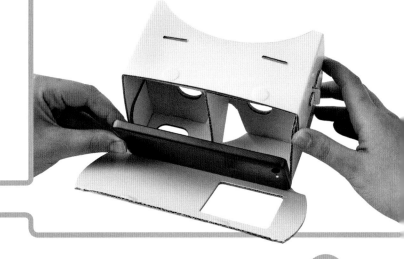

② 使用VR眼镜

把VR眼镜举到你的眼前，贴紧面部，用手紧握VR眼镜的外侧，这样可以避免手机掉落。

③ 扫描标记

当你在页面上发现一个蓝色圆形标记时，用摄像头扫描它，这样就可以体验虚拟世界了！在第一次使用VR眼镜时，你的眼睛可能需要几秒钟去适应它。

这就是一个VR标记。

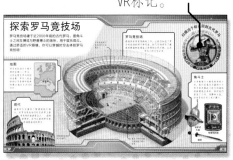

与霸王龙面对面

霸王龙是地球上最大、最强的恐龙之一，让人畏惧。现在，多亏了VR技术，你可以回到6500万年前，与这种可怕的恐龙相遇。

恐龙之王

霸王龙又叫作雷克斯暴龙，"雷克斯"（rex）有王者之意，而霸王龙就是它所到之处的王者。在VR场景中，你可以看到一只霸王龙正在恐吓一只三角龙，这只三角龙想保护自己巢里的蛋。

霸王龙有着长而锋利的牙齿和强有力的下颌肌肉，所以强劲的咬合力是它们最好的武器。

云杉

银杏

蕨类

创造环境

你在VR场景中看到的植物和霸王龙当初看到的是一样的。这是因为科学家已经找到了霸王龙生活时期的植物化石，其中一些植物至今仍能见到。

科学家们已经发现了许多完整的霸王龙骨骼化石。

在三角龙的骨骼化石上发现了霸王龙的牙印。

在计算机上，恐龙以3D模型的形式再现。

制作恐龙

在VR眼镜中，你看到的恐龙是虚拟的3D模型。这个模型是基于真实的恐龙骨骼化石搭建的，所有的比例都是准确的。

霸王龙沉重的尾巴帮助它们保持平衡，这样它们就可以用两条腿走路了。

扫描这个标记去史前世界旅行

强壮的大脚和张开的脚趾支撑着它们巨大的体重。

如何看到3D效果？

屏幕上的画面是二维的，也就是2D。现实世界是3D（三维）的，因为它还有另一维度——深度。所以，在现实世界中我们能感受到有些东西离我们远，有些离我们近。为了让我们感到真实，VR场景必须是3D的！

每只眼睛看到的景象是不同的。你的大脑将左右眼看到的画面结合起来，来感知手的距离。

如何看到3D效果？

我们能感受到3D，是因为我们每只眼睛看到的东西不一样。试一试这个简单的小实验吧！

把你的手放在面前，睁开一只眼睛，然后再换另一只。

右眼的景象

左眼的景象

构建3D

App让你的左眼和右眼看到你置身虚拟世界时会看到的景象。手机屏幕左右两个画面分别显示左右眼的视图。当你使用VR眼镜时，每只眼睛只能看到相应一边的景象。

在左右两边的画面中，近处物体的位置会略有不同。

使用VR眼镜

使用VR眼镜时，你的眼睛离手机屏幕很近。镜片会让你的左右眼分别聚焦在这两边的画面上，所以你会觉得自己真的在一个3D世界里。

左眼的景象　　右眼的景象

右眼的镜片

要想在虚拟世界中看到3D效果，每只眼睛必须看到略微不同的景象。

右眼看到的恐龙与左眼的相比，位置会有一些轻微的移动。

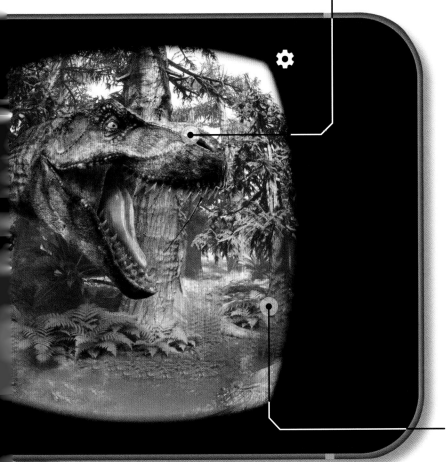

看看四周

智能手机可以分辨朝向，这让我们可以在VR世界中往任意的方向看——这是创造3D效果的另一个关键。

远处的物体，如树木，在左右两个画面中是一样的。

走近火山

火山既神奇又可怕。火山喷发时，来自地下深处炽热的熔融物质，也就是岩浆，会到达地表，这个过程有时很猛烈。准备好！利用VR眼镜来探索地球上最危险的地方之———火山吧！

海底的活火山比陆地上还多。

火山的状态

火山分为活火山、休眠火山和死火山。活火山随时都可能喷发；休眠火山暂时还不活跃，但仍有喷发的可能；死火山则不会再喷发了。

岩浆房已经满了。

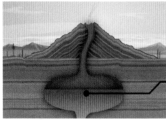

岩浆房正在聚集岩浆。

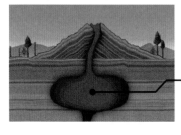

岩浆房是空的。

危险的火山喷发

到达地表的岩浆称为熔岩。熔岩十分炽热，能摧毁野生动植物和村庄。熔岩喷出后冷却变硬，形成新的岩层，所以每次喷发后火山都会变大。

岩浆也渗入火山周边地下的缝隙。

飞出的大块熔岩称为火山弹。

用无人机研究火山

科学家们利用无人机来研究火山，因为靠近火山对人类来说太危险了。然而，利用VR技术，你甚至可以"站在"活火山的火山口上。

一些熔岩从侧火山口溢出。

扫描这个标记去探索火山

VR世界是如何创建的?

一些VR世界是利用照片创建的，让你可以在不离开家的情况下到访其他真实存在的地方。但是有一些，比如我们App中的这些，是用计算机成像技术（CGI）创建的。

通过CGI技术，你可以看到真实世界中不存在的东西！

使用CGI技术创建一个世界

①

使用CGI技术创建一个令人信服的虚拟世界需要经过大量的研究、思考和讨论。从不同的角度观察真实的物体，可以帮助制作团队想象虚拟世界是如何运作的。

制作模型

②

一开始，虚拟物体在计算机中只是简单的形状，如立方体、球体和圆柱体。设计师们把这些简单的形状变成更复杂的形状，比如恐龙！

真实的物体，比如毛绒玩具，可以帮助VR专家想象物体在3D环境下的样子。

首先创建出物体的素模。

添加纹理

接下来，专家们创建纹理，把这些纹理，比如恐龙皮肤，添加到模型中。这会让模型看起来更真实。

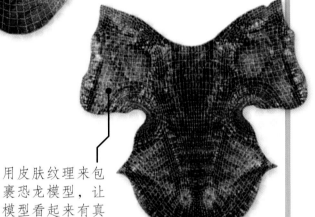

把它们组合起来

当所有模型（恐龙、植物和岩石）都制作完成后，将它们放在同一个场景中。然后，模型被赋予最终的外观，这个过程叫作"渲染"。

4

用皮肤纹理来包裹恐龙模型，让模型看起来有真实的质感。

3

全景

然后将场景做成360°全景图，这相当于将场景放置在一个球体的内表面。在VR世界中，用户是从这个球体的中心往外看，他们完全被场景包围。

5

三角龙被放在球上的样子。

探索罗马竞技场

罗马竞技场建于约2000年前的古代罗马，是角斗士之间互搏或与野兽搏斗的场所，用于娱乐观众。通过舒适的VR眼镜，你可以穿越时空去体验罗马竞技场！

罗马竞技场可容纳约5万名观众。

地图

罗马竞技场位于意大利的首都——罗马，这里也曾是罗马帝国的首都。罗马人统治欧洲以及非洲和亚洲的部分地区长达500多年。

罗马●

现代

地震和火灾摧毁了原建筑的大部分，但罗马竞技场仍然是世界上最受欢迎的旅游景点之一。在VR世界中，你可以看到罗马竞技场鼎盛时的样子。

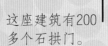

这座建筑有200多个石拱门。

罗马竞技场

感谢历史学家所做的工作，让我们知道了罗马竞技场的样子和用途。他们仔细研究了建筑的废墟和在遗址上发现的古代文物，以及罗马人的文字记录。

角斗士和野兽被关在地板下的小室里。

角斗士

大多数角斗士都是奴隶或士兵，他们是通过力量的大小和手持武器战斗能力的高低而被挑选出来的。虽然他们装备了刀剑、盾牌和头盔，但还是有许多人死于搏斗。

全护式头盔

带装饰的盾

钢剑

App如何在智能手机上运行？

智能手机在运行App时看似智能，但智能手机也是一台计算机，必须被告知该做什么。它遵循一长串指令，也就是计算机程序，这些指令是由聪明的人类编写的。

它是如何运行的？

智能手机根据接收到的信息执行不同的程序。在这款App中，信息来自于一个加速度计，这是一个能分辨手机朝向的元件。

编程

App是一种计算机程序，用计算机代码编写。计算机代码也就是指令列表，是用计算机可以遵循的一种特殊语言编写的。

程序会问一些简单的问题。这些问题要用"是"或"不是"的回答来决定程序下一步该做什么。

手机是否朝向火山超过2秒？

是

不是

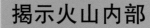

揭示火山内部

什么都不做

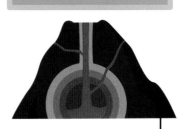

如果手机朝向火山超过2秒，火山就会"打开"，展示内部构造。

如果手机朝向火山少于2秒，就什么都不会发生。

二进制代码

在计算机中，程序被转换成基本的计算机语言——二进制代码。二进制代码只使用两个数字：1和0。这两个数字分别用"开"和"关"的电信号表示。

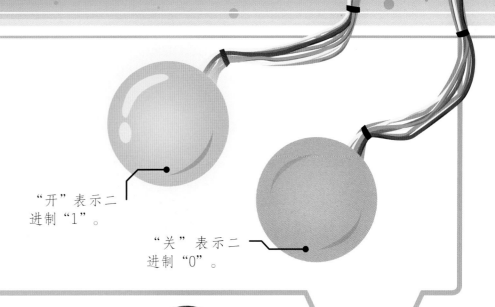

"开"表示二进制"1"。

"关"表示二进制"0"。

手机内部

手机中执行指令的部分叫作处理器芯片。在处理器芯片内部，数十亿的二进制代码1和0以电流的形式闪现，代表程序接收到的指令和信息。

处理器芯片在电路板的下面。它执行App的指令。

加速度计芯片将手机的位置信息发送给处理器。

编写计算机程序的人被称为"程序员"。

参观国际空间站

除非你是一名宇航员或者你非常富有，否则你很难去太空旅行。但是，通过VR技术，你可以到太空中探索国际空间站（ISS），这是有史以来建造成本最高的设施！

这个机械臂在空间站外移动设备和宇航员。

在我们的头顶之上

国际空间站在距地面400千米的地方运行。每绕地球一周都会经过地球表面不同的地方。

太空中的科学研究

宇航员每次进入国际空间站，会在那里生活和工作好几个月。他们进行一系列科学实验，并从太空中欣赏地球的美景。

建造国际空间站

国际空间站是分模块建造的，花了13年才建成。在细致的准备之后，国际空间站的VR场景只花了几个月就完成了。

"曙光"号功能舱
1998年发射

"星辰"号服务舱
2000年发射

"命运"号实验舱
2001年发射

组装完成
2011年

巨大的太阳能电池板提供电力。

圆顶的观测舱

扫描标记飞进太空

危险的旅程

美国和俄罗斯的火箭将国际空间站的各个模块送入太空，也将宇航员送上太空。现在，你只要通过VR眼镜，就可以"到达"国际空间站了！

VR场景怎样才能更加真实?

VR头盔和VR眼镜能让你在虚拟世界中看到东西,但是移动或触摸呢? 开发人员正在研发一些能让VR场景更加真实的智能设备。

VR头盔接收和输出的信息通过电缆传送。

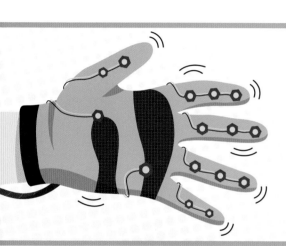

触觉手套

这些特别设计的手套能让你与虚拟物体互动。触觉手套可以监测你手指的位置,甚至可以在你的指尖上施加压力,让你感觉好像摸到了什么东西。

飞翔

当你在这台机器上移动身体时,传感器将信息传递给计算机。这个动作在虚拟世界里被重建,让你感觉自己好像在飞!

VR头盔显示
虚拟世界的
3D图像。

当你四处走动时，
传感器会探测你的
位置。

让用户行走在一个光
滑的表面上，并追踪
他们的足迹。

立体声

立体声耳机可以让虚拟世界更加真实。你
的右耳听到的声音与左耳听到的声音是有
时间先后的。这些信息可以帮助你的大脑
辨别声音的来向。

声音是让用户
感觉自己身处
真实世界的一
个要素。

行走

这台机器有一层光滑的地
板。你在现实世界中行走
时不必真的移动位置，地
板能感知你的脚步，将信
息传回计算机，让你在虚
拟世界中四处走动。

跳进池塘

如果你想要探索池塘，还有什么比让自己缩成昆虫大小更好的办法呢？利用VR技术，你就可以做到！准备好了就跳进这个池塘吧！这将是你前所未有的一段旅程。

蝌蚪成长为青蛙，强壮的后腿帮助它逃离捕食者。

池塘边常常会有植物。

蜻蜓稚虫可以用它的大嘴巴吃蝌蚪。

池塘里的生命

池塘是多种生物的家园。这里有鱼，有像青蛙这样的两栖动物，还有很多昆虫和植物。

植物为水下生物提供食物和氧气。

变小

在VR场景中，呈现出的是你眼距变小时看到的景象，就像小动物眼中看到的那样，这就是为什么你觉得自己变小了。

正常的

在VR场景中

蜻蜓捕食小飞虫。

芦苇是池塘里一种坚韧的植物。

青蛙产了一堆蛙卵，有几百个。

青蛙的幼体阶段持续好几个月，这时它们叫作蝌蚪。

每个池塘都有许多植物在水下生长。

扫描这个标记来让自己变小

哪里会用到VR技术?

大多数人将VR技术用于娱乐, 比如玩电脑游戏, 或者用于学习。但是, 有些人在工作中就会用到它。下面列举了VR技术在现实世界中的一些应用, 以及在未来它还会有什么表现。

飞行模拟器

还有什么比在一个设施完备的可动驾驶舱里实际操作能更好地训练飞行员呢? 这是一种安全的训练方法, 能确保飞行员已经做好了飞向天空的准备。

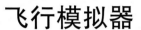

驾驶舱倾斜, 模拟飞行员在飞行中的体验。

医生

外科医生可以在给病人做手术时应用VR技术观察病人体内的情况。在不久的将来, 医生也有可能为世界另一端的病人做手术。

出门，在家

未来，在家欣赏音乐会或戏剧也许会是很常见的事。一个VR头盔加上3D图像和声音的现场转播，会让你觉得自己真的在现场。

VR头盔可以提供病人身体内部的实时影像。

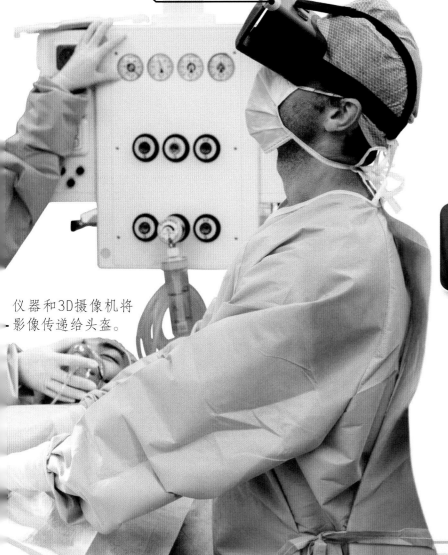

仪器和3D摄像机将影像传递给头盔。

增强现实

增强现实（augmented reality，简称 AR）与VR类似。智能手机、平板电脑或AR头盔会将计算机生成的图像叠加到你看到的现实世界中。

透视T恤Virtuali-Tee

词汇表

2D
2D即"二维"。2D图像是一个平面图像，比如一张照片。

3D
3D即"三维"。3D图像或3D物体有深度的感觉，人可以感知它们的远近。

App
可以在智能手机上下载和运行的计算机程序。

CGI
CGI即"computer-generated imagery"，意为"计算机成像技术"。所有图像都由计算机程序生成。

VR场景
这是一个计算机生成的世界。你可以使用VR头盔或VR眼镜来体验。

VR头盔
体验虚拟现实的头盔式设备，内置屏幕，使用时须戴在头上，盖住眼睛。还有一种需要插入智能手机才能使用的设备，叫作VR眼镜。

编程
程序员写指令告诉计算机一步一步该怎么做。

程序
用计算机代码编写的指令列表，由计算机运行。

程序员
编写计算机程序的人。

触觉手套
可在虚拟现实中创造出触感的特殊手套。

二进制代码
只用两个数字"0"和"1"来表示信息的一种系统。计算机使用二进制代码。

加速度计
智能手机中的元件，可以感知手机的朝向。

镜片
清晰的玻璃或塑料制品，被打磨成适当的形状用来聚焦。望远镜、摄像机和VR眼镜都有镜片。

模拟器
模拟现实世界的设备。例如，飞行模拟器模拟的是一架真正的飞机，可用来训练飞行员。

现实
我们身处的真实世界。

增强现实（AR）
与虚拟现实（VR）技术类似，增强现实把虚拟图像叠加到现实世界中的真实影像上。

智能手机
智能手机也是一种计算机。它可以运行多种不同的App。

索引

英国Curiscope公司

英国Curiscope公司致力于激发用户的好奇心。它由本·基德和埃德·巴顿于2015年创建，是一支世界领先的VR/AR团队，总部设在英国布赖顿。Curiscope公司开发了备受关注的虚拟现实教育项目《大白鲨》，以及市场上流行的增强现实产品——透视T恤Virtuali-Tee。他们对VR和AR的热情源于一种信念：VR和AR是开启更广阔的魅力世界的完美工具，能帮助人们发现他们真正感兴趣的东西，激励他们去做以前从没觉得自己能做到的事。

致谢

DK would like to thank: Vijay Kandwal, Jaileen Kaur, and Neha Ahuja for design assistance, Jolyon Goddard for proofreading, Richard Leeney for photography, and Amias, Finn, Martha, Isabella, Jack, and Kathleen for modelling.

The publisher would like to thank the following for their kind permission to reproduce their photographs:

(Key: a-above; b-below/bottom; c-centre; f-far; l-left; r-right; t-top)

1 **123RF.com:** Adrian Buhai (cr, clb, c). 4 **123RF.com:** Adrian Buhai (cr); odmeyer (tl). 5 **123RF.com:** belikova (bl/Background); Adrian Buhai (cb). **Alamy Stock Photo:** ART Collection (cra); Reuters / Beck Diefenbach (br); Hugh Threlfall (fbr). **Curiscope:** (tc). **Fotolia:** Eric Isselee (bl/Cubs). **Getty Images:** Hulton Archive (cr); Allen J. Schaben / Los Angeles Times (crb). 9 **123RF.com:** Adrian Buhai (cb). 10-11 **Curiscope:** (c). 11 **123RF.com:** leonello calvetti (ca/T-Rex); Galina Peshkova (ca/Computer). **Curiscope:** (br). **Dorling Kindersley:** Senckenberg Gesellshaft Fuer Naturforschugn Museum (tr). 12 **Curiscope:** (br). 12-13 **Dreamstime.com:** Blackzheep (b/Phone). 13 **123RF.com:** Adrian Buhai (crb). **Curiscope:** (bl). 15 **Curiscope:** (cr). **Getty Images:** Ragnar Th. Sigurdsson (tr). 16 **Curiscope:** Autodesk screen shots reprinted courtesy of Autodesk, Inc. (cb). 17 **Curiscope:** (br); Autodesk screen shots reprinted courtesy of Autodesk, Inc. (cl, tr). 18-19 **TurboSquid:** Renderosi (c). 19 **Curiscope:** (tr). **TurboSquid:** Renderosi (tr/Gladiator). **Dorling Kindersley:** Ermine Street Guard (br). 20 **Alamy Stock Photo:** Andor Bujdoso (clb). 21 **123RF.com:** Sergey Sergeev (c). 22-23 **TurboSquid:** KuhnIndustries (c). 23 **NASA:** (tc, tc/Zvezda, tr/2005, tr/2011); Bill Ingalls (bc); Curiscope (crb). 24 **Getty Images:** DAVID MCNEW /

AFP (bl). 25 **Getty Images:** JEAN-FRANCOIS MONIER / AFP (l). 26-27 **TurboSquid:** (c). 27 **Curiscope:** (crb). 28 **Alamy Stock Photo:** PJF Military Collection (c); REUTERS (clb). 28-29 **Alamy Stock Photo:** Wavebreakmedia Ltd PH83 (c). 29 **Alamy Stock Photo:** WENN Ltd (cra). **Curiscope:** (crb/T-shirt). **Dreamstime.com:** Jannoon028 (crb/Mobile). 30 **123RF.com:** Adrian Buhai (br). 31 **123RF.com:** Adrian Buhai (bl, br). 32 **Curiscope:** (cra). 34 **Dorling Kindersley:** Andy Crawford (tl). **NASA:** (tc, c). 35 **Curiscope:** (All Images). 38 **123RF.com:** Andrey Egorov / Andrew7726 (bl/Used Twice, br/Used twice); Fred Weiss (cl/Used Twice). **Depositphotos Inc:** welcomia (br/Metal Background). **NASA:** (t, cr). 39 **123RF.com:** Andrey Egorov / Andrew7726 (t/ Used Twice- Bullet Holes, b/Used Twice); Fred Weiss (cb). **Depositphotos Inc:** welcomia (t). **Dorling Kindersley:** Jon Hughes (cra). **Dreamstime.com:** Chachas (t/Used Thrice-Metal Wires, b). 42 **123RF.com:** Dirk Ercken / dirkercken (clb); Tom Grundy / pancaketom (cla); Christopher Ison / isonphoto (cb). **Dorling Kindersley:** Andy Crawford (br); Tim Ridley / Robert L. Braun (crb). **NASA:** (br/ Astronaut); Jon Hughes (cr/Dinosaur). 43 **123RF.com:** Andrey Egorov / Andrew7726 (c/Used Thrice- Bullet Holes); Fred Weiss (t). **Depositphotos Inc:** welcomia (cl). **Dorling Kindersley:** Ermine Street Guard (tc, cra); Daniel Long (tr). **Dreamstime.com:** Chachas (c/Used Thrice). **NASA:** (bl)

Cover images: Front: **Curiscope:** cr; **Fotolia:** dundanim cl; **Getty Images:** a-r-t-i-s-t (Background); Back: **Curiscope:** bl; **Fotolia:** dundanim tc; **TurboSquid:** tl

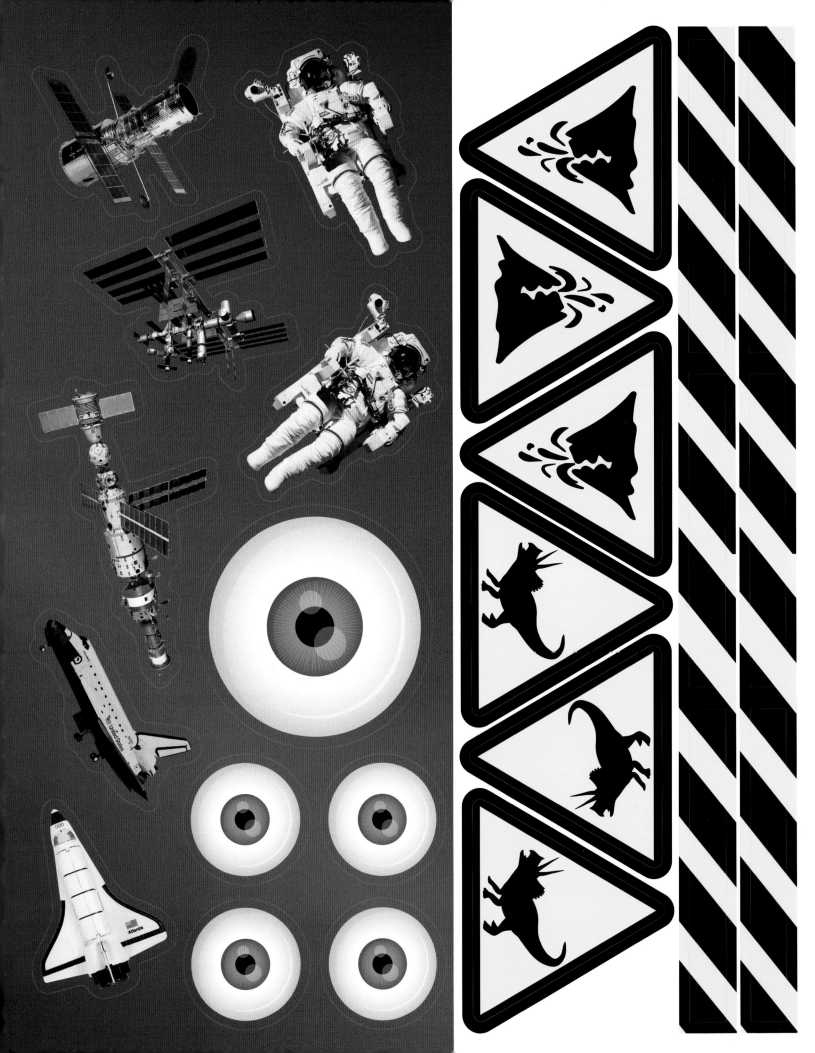

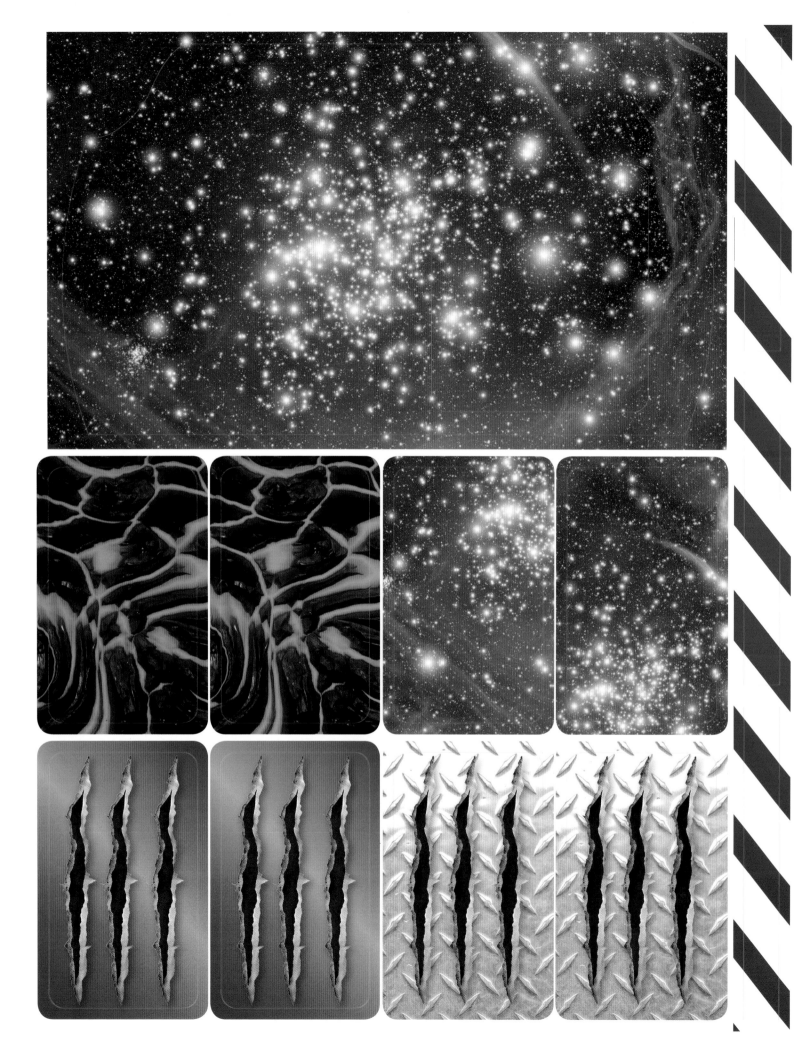